科里科气科技馆科普丛书

主　编　朱道宏

副主编　罗季峰　黄　媛　葛宇春

编　委（以姓氏笔画为序）

方泽相　方海虹　史　川　任方舟

李雅莉　杨　健　吴　昊　余　键

张　亘　陈　俊　陈　叙　周逸飞

胡梦岩　袁　媛　曹晓翔　崔　亮

策　划　李　聪　蒋若彤

主编 / 朱道宏

大自然的形与色

— *The SHAPES and COLORS of NATURE* —

陈 叙 任方舟 史 川 / 编著

中国科学技术大学出版社

内 容 简 介

大自然中的形状和颜色展现了无尽的美丽与奇妙,为我们的世界提供了丰富的视觉盛宴。本书以不同的形状和颜色为线索,探索自然界中的科学奥秘和美学价值。通过这些基本元素的串联,引导读者从地球的宏观世界到微观世界,全面了解自然界的多样性及其对科学和艺术的启发。通过有趣的问题,融合自然、科学与艺术的独特视角,启发和引导读者从多角度理解和欣赏自然。

本书可适用于科普场馆、科学教育机构、学校教师和学生、科学爱好者、自然爱好者等。

图书在版编目(CIP)数据

大自然的形与色 / 陈叙,任方舟,史川编著. -- 合肥:中国科学技术大学出版社, 2025.4. -- ISBN 978-7-312-06177-6

Ⅰ. N49

中国国家版本馆 CIP 数据核字第 2025QR2480 号

大自然的形与色

DAZIRAN DE XING YU SE

出版	中国科学技术大学出版社
	安徽省合肥市金寨路 96 号,230026
	http://press.ustc.edu.cn
	https://zgkxjsdxcbs.tmall.com
印刷	安徽国文彩印有限公司
发行	中国科学技术大学出版社
开本	787 mm×1092 mm 1/16
印张	7.25
字数	81 千
版次	2025 年 4 月第 1 版
印次	2025 年 4 月第 1 次印刷
定价	40.00 元

前言

大自然是伟大的艺术家，也是深邃的科学家。自古以来，人类就被大自然的美丽和神秘所吸引，并由此激发出无尽的好奇心和探索精神。科学家通过精细的观察和实验，揭示了自然界中的规律和结构，而艺术家则用敏锐的心灵和想象力捕捉到大自然的和谐美。科学与艺术，这两条看似不同的道路，却在大自然的奇妙世界里交汇，共同帮助我们理解自然的奥秘、感知自然的美丽。

在《大自然的形与色》这本书中，我们将以全新的视角探索自然界中那些不可思议的几何形状。无论是完美的圆形、球形，还是精致的螺旋、对称结构，这些几何形状都在植物、动物甚至非生命的物质中发挥着关键作用。通过精美的插图与科学的解读，我们将深入探讨这些形状背后的数学与自然法则，了解它们如何帮助生物在进化过程中更好地适应环境。

除此之外，本书还揭示了自然界中的色彩奥秘。天空为什么是蓝色的？植物为什么大多数是绿色的？昆虫、鸟类身上的艳丽颜色是如何形成的？这些颜色并不仅仅是视觉的奇观，它们背后承载着深刻的生态意义。

大自然不仅是我们赖以生存的家园，更是启迪我们心灵、赋予我们无限灵感的伟大艺术品。通过科学的探索，我们能揭开大自然的神秘面纱，更深刻地理解那些隐藏在表象之下的规律与逻辑；而通过艺术的眼睛，我们能用心灵去感知大自然无与伦比的美感，感受到生命的脆弱与力量并存。科学与艺术的交融，让我们既能用理性的视角审视自然，也能用情感的力量去赞美她。

希望《大自然的形与色》能带你踏上这场奇妙的探索之旅。在每幅精美插图与每个科学事实中，你将发现自然的智慧与和谐美，感受到生命的奇迹与美丽。感谢朱文婷、周宇婷、边江老师提供的摄影图片。无论你是科学爱好者，还是对艺术充满热情的读者，相信这本书都将为你打开通往自然新世界的大门。

愿你在这场科学与艺术交融的旅程中，领略自然的无限魅力，激发对自然世界更深层次的探索与保护意识。

编　者

2024 年 11 月

目 录

前言 ……………………………………………………………… i

引言　自然美的探索 ……………………………………… 001

第一章　几何形状与自然奇观 ……………………………… 007

什么是圆形和球体？ ………………………………………… 008
为什么太阳、月亮和地球都是球体？ ……………………… 012
为什么很多植物的果实是球体？ …………………………… 019
什么是斐波那契螺旋和黄金螺旋？ ………………………… 024
为什么向日葵和松果的种子排列呈现螺旋形？ …………… 030
对称有哪些种类？ …………………………………………… 035
为什么许多生物的结构呈现对称性？ ……………………… 040
什么是分形？ ………………………………………………… 045
为什么很多植物展示了分形特征？ ………………………… 049

iii

第二章　色彩缤纷的大自然 ········· **053**

为什么我们可以看到那么多不同的颜色？ ········· 054
为什么天空是蓝色的？ ········· 059
大海的蓝色真的来自天空的反射吗？ ········· 063
为什么大多数植物是绿色的？ ········· 066
动物如何通过保护色隐身于自然？ ········· 069
为什么蜜蜂对黄色特别敏感？ ········· 072
为什么红色和黄色在交通和警告标志中被广泛使用？ ········· 075
自然界中有黑色的花吗？ ········· 079

第三章　微观世界的形与色 ········· **083**

为什么孔雀羽毛在阳光下会变色？ ········· 084
什么是结构色？ ········· 087

第四章　形状与色彩的艺术创作 ········· **093**

科学插画：形状与色彩的精妙表达 ········· 094
科学摄影：捕捉自然的真实之美 ········· 100

结语　自然、科学与艺术的和谐 ········· **105**

引言
自然美的探索

大自然的形与色

当你仰望星空，是否为天体运行的规律而惊叹？当你俯视大地，是否被草木繁茂的生机与神秘所吸引？自古以来，人类对自然世界的探索从未停止。在这无限广阔的自然画卷前，科学家和艺术家用各自的方式记录、诠释并探寻隐藏其中的美。

对自然的探索，既是一种对美的欣赏，也是一种对自然规律的探索。

《蒙娜丽莎》

15世纪的文艺复兴时期，达·芬奇是自然美的探索者之一。他不仅是伟大的艺术家，还是杰出的科学家与发明家。达·芬奇通过细致的观察和解剖，深入研究了人体的结构，并以此为基础创作了大量艺术作品。他的《维特鲁威人》和《蒙娜丽莎》展示了他对自然几何和人体比例的深刻理解。

达·芬奇的素描作品常常展现自然与科学的交融，将复杂的科学细节融入艺术创作，使得自然美在科学探索中获得新的诠释。

19世纪，查尔斯·达尔文的理论标志着人类对自然探索的进一步深化。他的《物种起源》和进化理论不仅改变了人类对生命起源的理解，解释了生物多样性的形成，也为我们理解自然界的和谐美提供了全新视角。

达尔文通过对加拉帕戈斯群岛动植物的观察，记录了不同物种的形态差异，尤其是地雀喙部的微妙变化，揭示了生命体在环境变化中的适应性。自然美不再仅停留在视觉感受上，而是更深层次的适应与进化过程的体现。

加拉帕戈斯群岛的地雀喙部

与科学家不同，艺术家从感性和直观的角度出发，以情感和创造力来诠释自然美。艺术家们通过色彩、形状和构图，将自然世界的和谐美以独特的方式展现在观众面前。文森特·凡·高就是一位深受自然启发的艺术家，他从自然景象中汲取灵感，将夜空的壮丽、麦田的丰盈和向日葵的生机用浓烈的色彩表现出来。在作品《星夜》中，他通过流动的笔触和旋转的构图，展现了夜空的深邃与浩瀚。

凡·高不仅捕捉到了自然界中看似混乱的美，还通过艺术的形式表达了自然与宇宙的动态联系。在他的作品中，自然美不仅是静态的存在，更是一种充满能量与生命力的表现。

《星夜》

科学和艺术之间的界限逐渐模糊，越来越多的科学家和艺术家认识到，自然美的揭示不仅依赖于理性的分析，还需要感性的表达。德国生物学家恩斯特·海克尔是将科学和艺术完美结合的代表人物之一。他的科学插画不仅展示了生物的精确形态，还通过对称、几何的艺术处理，凸显了自然界的美感。他的作品如《自然界的艺术形态》不仅是科学研究的成果，也成为艺术作品，为我们提供了从微观世界到宏观世界的全面美学视角。

引言　自然美的探索

《自然界的艺术形态》书中的插画《猪笼草》

《自然界的艺术形态》书中的插画《海葵》

科学的探索解构了自然背后的规律，揭示了自然的复杂性，而艺术的诠释则让我们感受到了自然的和谐美，赋予这些规律情感的表达。无论是达尔文的进化理论，还是凡·高的色彩表现，抑或海克尔的科学插画，他们的行为都在各自的领域中用不同的方式探寻着自然的美。

在自然界，形与色的和谐并不是偶然的，而是长期演化与复杂系统共同作用的结果。通过科学和艺术，我们能够以全新的视角看待世界。

第一章
几何形状与自然奇观

为什么地球和其他行星呈球体？为什么许多植物的藤蔓会以螺旋方式生长？为什么蝴蝶的翅膀呈现完美的对称性？很多人可能会认为大自然的一切都是随机发生的，但实际上它们遵循着自然界的组织规律。这里一切的存在都不是巧合，而是自然界有序和规律性的体现。

什么是圆形和球体？

生活中，你看到过哪些圆形或球体呢？衣服上的纽扣、饭桌上的餐具、错落的建筑、滚动的车轮、体育场上的篮球、美味的荔枝……人类的衣食住行中，到处可见圆形或球体的身影。圆形与球体以其与生俱来的独特"美学结构"，成为人类生产生活中最具亲和力的"伙伴"。

生活中的圆形与球体

第一章　几何形状与自然奇观

古希腊毕达哥拉斯学派认为"万物皆数",尤其推崇圆形和球体,宣称一切平面图形中最美的是圆形,一切立体图形中最美的是球体。那么,到底什么是圆形和球体呢?

早在两千多年前,我国古代科学家墨子在《墨经》中就给出了圆的定义:"圆,一中同长也。"意思是说,圆这种形状,有一个中心点(圆心),从这个中心点到圆周上每一点的长度都相等。一百年后,古希腊数学家欧几里得的数学著作《几何原本》问世,书中将圆定义为"平面上离固定点等距的点的轨迹"。现代数学中对于圆的定义是:在同一平面内,到定点的距离等于定长的所有点的集合。这个定长称为半径。

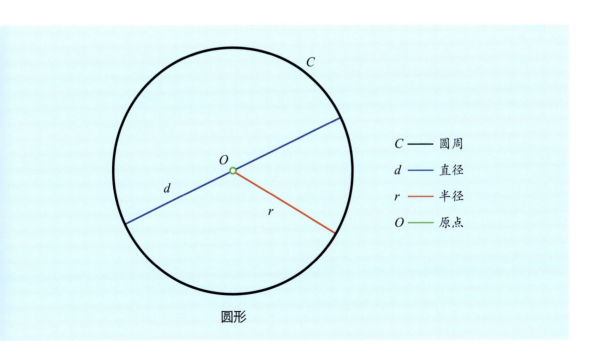

圆形

大自然的形与色

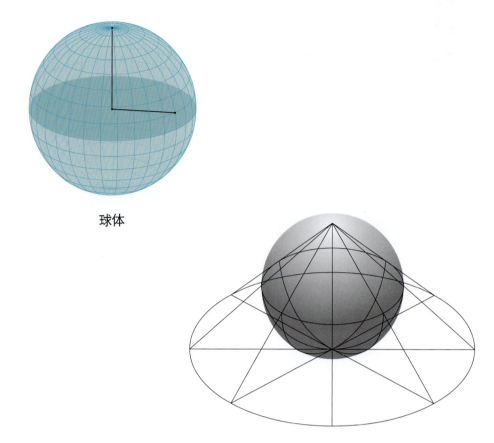

球体

将球体投影到平面上，就是圆

在数学中，球体可以视为圆形在三维空间中的推广。圆形是二维的概念，而球体是三维的概念。如果你在三维空间中固定一个点作为中心，并选择一个半径，那么所有距离这个中心点等于该半径的点的集合形成一个球面。从任何方向看球体，你看到的轮廓都是一个圆。也就是说，圆是球体的二维视觉表现。如果通过球体的任意位置切割一个平面横截面，这个横截面也将是一个圆。这个圆的大小取决于切割平面与球心的距离：最大的圆出现在通过球心的切面上，而偏离球心的切面得到的圆则随距离球心的增大而逐渐变小。

第一章　几何形状与自然奇观

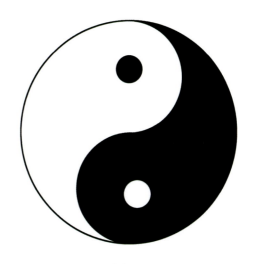

太极图

　　人们往往以圆来赋予事物圆满、团圆、团结、周全、和谐等美好意义。太极图作为中华文化的一个标志性符号，采用了圆形设计，象征着万物相互依存、循环往复的自然规律，体现了中国古代哲学中关于和谐、平衡与动态变化的智慧。它通过简洁的几何形状，传递出深刻的宇宙观和生命观。奥林匹克标志由五个相互交织的圆环组成，象征着来自五大洲的运动员在奥运会上的团结与友谊，展现了奥林匹克精神的全球性和包容性。

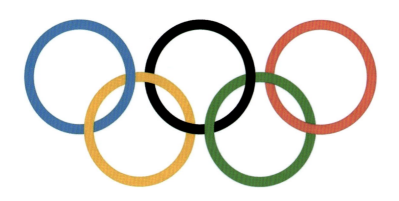

奥林匹克标志

大自然的形与色

为什么太阳、月亮和地球都是球体？

"大漠孤烟直，长河落日圆。"唐朝诗人王维曾为我们描写了大漠中壮阔雄奇的美丽景象。"人有悲欢离合，月有阴晴圆缺，此事古难全。"宋朝诗人苏轼也曾借月相的圆缺变化来表达思念之情。两位诗人各自用独特的方式捕捉并描写了自然景观，表达了人类的情感。

第一章　几何形状与自然奇观

月相变化

　　太阳、月亮和地球是球体，对于大部分现代人来说，这是一个非常基本的常识。但是，古人最初并不知道它们是球体。

　　在很长一段时间里，人们基于日常生活经验的直观感受，普遍认为地球是平的。后来，古代航海者和探险家们注意到，当他们远航时，随着地理位置的改变，天空中的星星位置也会出现变化。人们还观察到，当船只远离海岸时，首先消失的是船底，最后消失的是船顶。这些现象都暗示了地球表面是弯曲的。不过，当时的人们并没有对这些现象做出科学的解释。

大自然的形与色

据传，在公元前6世纪，古希腊数学家毕达哥拉斯就宣称地球是球体。他基于对天体运动的观察和哲学推理，提出了这一理论。

公元前4世纪，古希腊学者亚里士多德提出了几个重要的观测证据来支持地球是球体的观点。亚里士多德观察到在月食期间，地球在月球上投射的阴影边缘总是圆弧形的。这一现象表明地球是球体，因为只有球体物体无论从哪个角度观察才都会投射出圆形的阴影。

月偏食　　　　月偏食　　　　月全食

月食示意图
地球位于太阳和月亮之间，地球的阴影投射在月亮上，导致月亮部分或全部变暗。

第一章　几何形状与自然奇观

亚里士多德还指出，当人们从不同的地理位置观察星星时，天空中星星的位置会有所不同。例如，在更靠北的地点观察北方星座时，其位置较高；在向南旅行时，北方星座逐渐下沉至地平线以下，而南方星座则升高。这种现象表明观察者是在一个曲面上移动。亚里士多德也注意到了船只在远离观察者时，首先是船底消失在视线中，船帆最后消失。这种现象说明地平线是弯曲的，进一步支持地球是球体的观点。

我们不难发现，亚里士多德提出的证据和早期航海者、探险家的观察有重叠，他并非观察到这些现象的第一人。亚里士多德的贡献在于，他在科学史上首次将这些独立的观察归纳综合为一个论证地球是球体的连贯理论。

1519年，葡萄牙航海家麦哲伦率领远航船队从西班牙出发，一直向西行驶，历时3年又回到西班牙。这是人类历史上第一次环球航行，它无可争议地验证了地球是球体的观点。

从太空中拍摄的地球的曲面
得益于航天科技的进步，今天人们已经能够从太空中准确观测到地球的形状。在浩瀚宇宙中，这颗独特的蔚蓝色球体正是我们赖以生存的地球。

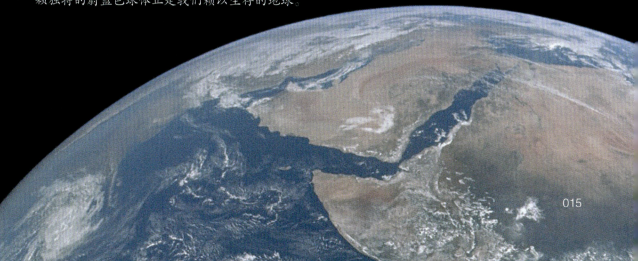

古代的天文学家还通过观察日食现象,发现月亮在地球上投射的阴影边缘也总是圆弧形的,据此推测月亮是球体。

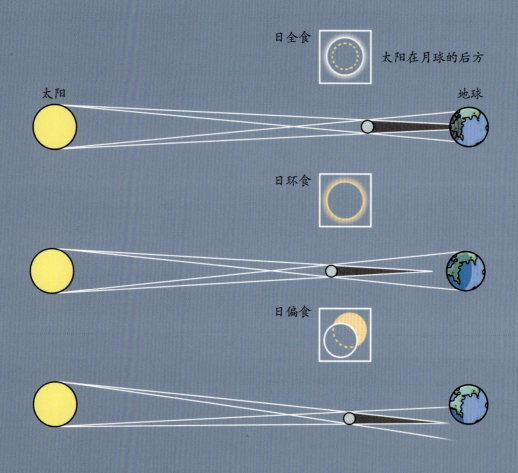

日食示意图
月球经过地球和太阳之间,遮挡住部分或全部太阳光的现象。

现代卫星和空间探测器拍摄的图像已经可以清晰地证明太阳和月球是球体。

在宇宙中，大多数大型天体是球体。这是为什么呢？原因主要是引力的作用。当一个天体的质量足够大时，天体的每一部分都受到向中心的引力拉拢，这种引力作用在各个方向上是均匀的。这使得天体向中心均匀收缩，最终形成一个球体。此外，在太阳系中，行星绕着太阳的轨道大多是接近圆形的，这种路径可以帮助行星保持稳定的运行，不容易偏离轨道。

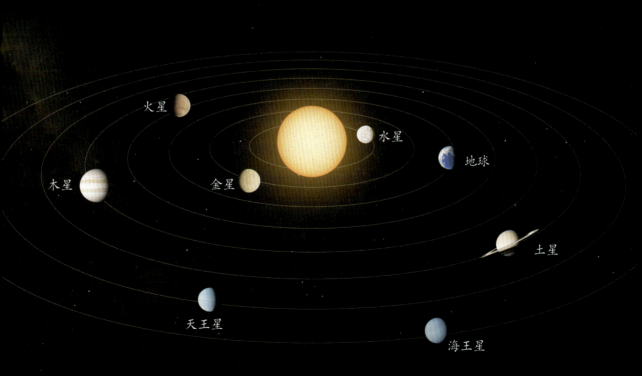

太阳系八大行星及其运行轨道示意图

大自然的形与色

肥皂泡

为什么很多植物的果实是球体？

很多小朋友都喜欢吹泡泡。当你吹出一个肥皂泡时，肥皂水膜包裹住空气形成泡泡。由于表面张力的作用，肥皂水膜会自发地调整自己的形状，使得表面积尽量小。结果，这个泡泡最终会变成球体，这是因为在相同体积下，球体具有最小的表面积。

球体　　　　　　圆锥体　　　　　　正方体

几何形状的表面积与体积的比率是描述形状紧凑程度的重要参数。比率越小，表示形状在相同体积的情况下表面积越小。在所有三维几何形状中，球体具有最小的表面积与体积比率。也就是说，如果你有一系列不同形状的物体，且它们的体积都相同，那么球体物体的表面积会是其中最小的。

大自然的形与色

西瓜果实剖面

第一章 几何形状与自然奇观

很多植物的果实呈球体或接近球体，因为这种形状能够用最少的外壳材料包裹最多的果肉。植物通过这种方式可以节约资源，用较少的材料构建果实外壳，同时提供更多的果肉。这不仅更好地保护了种子，还能吸引动物来传播种子，帮助植物繁殖。

山竹果实剖面　　　　　百香果果实剖面

无花果果实剖面　　　　石榴果实剖面

西红柿果实剖面　　　　橙子果实剖面

大自然的形与色

此外，球体果实或种子容易滚动，这对种子的传播非常有利。当种子从植株上掉落后，球体种子可以借助自身弹力、风力、水流或动物的帮助，滚动到较远的地方，从而扩大植物的分布范围，提高繁殖效率。

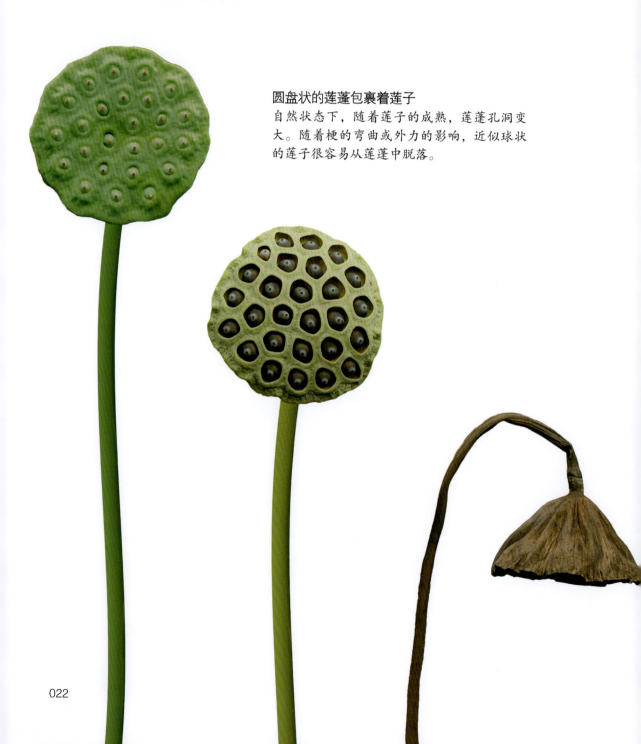

圆盘状的莲蓬包裹着莲子
自然状态下，随着莲子的成熟，莲蓬孔洞变大。随着梗的弯曲或外力的影响，近似球状的莲子很容易从莲蓬中脱落。

荔枝

大粒咖啡果实

球体在任何方向上都是对称的，它的每一个点到中心的距离都相等。无论从哪个方向施加力，球体都能均匀地分散这些力。所以，球体的结构能够均匀分摊外界的压力和冲击，使果实或种子在受到外力作用时不容易损坏，提供了良好的机械保护。

总的来说，球体或近似球体的结构在植物的生存策略中具有显著的优势。它不仅能够减少能量和资源的消耗，还能提供更好的保护和稳定性，从而提高植物生存和繁殖的成功率。

大自然的形与色

什么是斐波那契螺旋和黄金螺旋？

斐波那契螺旋，乍看是个冷僻又拗口的名称。但是，如果平时留心观察大自然中的现象，你一定见过它的形态。不信，来仔细瞧一瞧吧：向日葵的花盘、松树的果实、鹦鹉螺的外壳……发现这些动植物身上呈现出来的优美的螺旋线了吗？它们就是斐波那契螺旋。

大自然中的斐波那契螺旋

第一章 几何形状与自然奇观

斐波那契

斐波那契螺旋源于斐波那契数列，而斐波那契数列是由意大利数学家莱昂纳多·斐波那契第一次提出的。1175年，斐波那契出生于意大利的比萨市。他在1202年写了《计算之书》（又译《算盘书》），这是中世纪欧洲非常重要的著作，被称为中世纪实用数学之百科全书，对文艺复兴时期的欧洲数学产生了广泛的影响；也是在这本书中，斐波那契提出了著名的斐波那契数列，也称为兔子数列。

在《计算之书》的第十二章，斐波那契提出了一个流传几百年的数学名题——兔子问题。假设一对兔子，2个月后就会长成大兔，拥有繁殖能力，之后每个月都可以生出一对小兔。新出生的小兔，经过2个月后长成大兔，也会拥有繁殖能力，也可以每月生出一对小兔。在这个假设里，兔子不会死亡，一对大兔遵循每月生一对小兔的规律，可以无限进行下去……

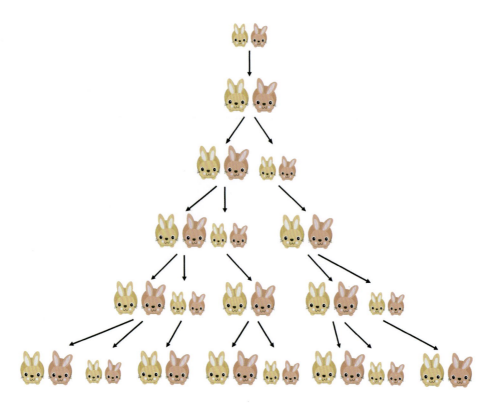

兔子问题示意图

在第一年里，这个问题并不难，可以把月份和兔子对数列出来。

兔子对数列表

月 份	1	2	3	4	5	6	7	8	9	10	11	12
兔子对数	1	1	2	3	5	8	13	21	34	55	89	144

这个过程可以无限进行下去，这就是著名的"斐波那契数列"。如果仔细观察兔子对数1、1、2、3、5、8、13、21、34……这组数，会发现，从第三个月开始，该月份的兔子对数是它前两个月的兔子对数之和，也就是说从这个数列的第三个数开始，每一项数值是前两项数值加起来的和。

如果取斐波那契数列中相邻两个数的比值，那么就会发现：随着项数的不断增加，前一项与后一项的比值会越来越接近黄金分割比。例如，$\frac{21}{34} \approx 0.6176$，$\frac{89}{144} \approx 0.6181$，这已经非常接近黄金分割比了。因此，斐波那契数列也被称为黄金分割数列。

黄金分割是一个古老的研究主题。公元前 300 年左右，欧几里得写出了《几何原本》这一著作，这被认为是世界上最早的关于黄金分割的论著。

将一条线段分为两部分，使得其中一部分的长度与全长之比等于另一部分与这部分之比，这个比值的近似值为 0.618，这个比例被称作黄金分割比例。这个比例被公认为是最能引起美感的比例，被认为是美的象征。

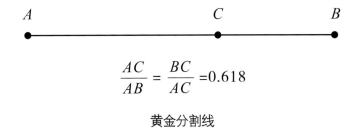

黄金分割线

黄金矩形的长宽之比为黄金分割比，即矩形的短边与长边的比为 0.618 倍。在黄金矩形里靠着三边做成一个正方形，剩下的那部分则又是一个黄金矩形。按照此方法，可以依次再做成正方形和黄金矩形……

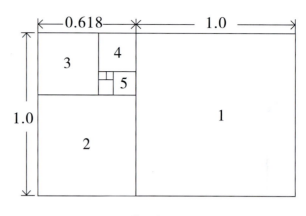

黄金矩形

如果根据斐波那契数列，取边长分别为1、1、2、3、5、8、13、21……的正方形，以各正方形的一个顶点为圆心画出四分之一的曲线，再连接所有曲线，最后形成的螺旋线就是斐波那契螺旋，也被称为黄金螺旋。

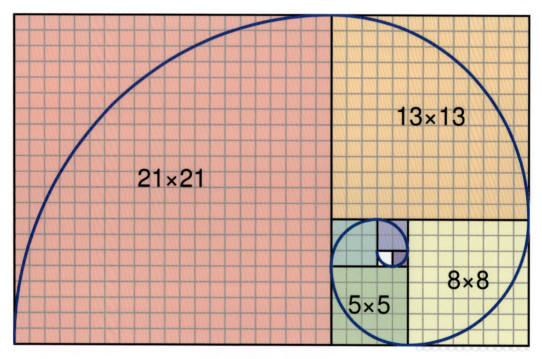

斐波那契螺旋（黄金螺旋）

第一章　几何形状与自然奇观

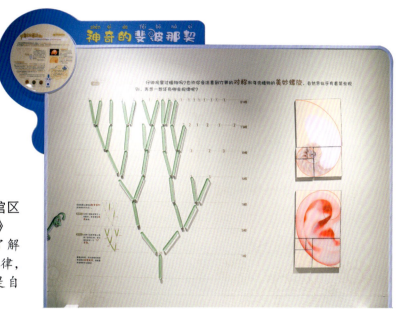

合肥市科技馆蜀西湖馆区展品《神奇的斐波那契》

这件展品不仅让我们了解了斐波那契数列的规律,也向我们展示了数学是自然之美的一部分。

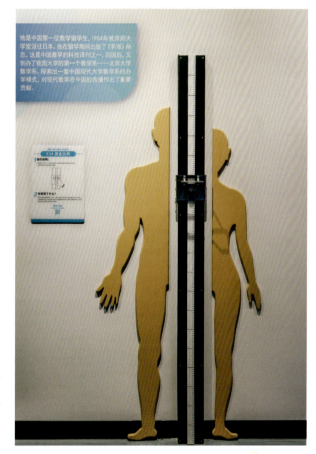

合肥市科技馆蜀西湖馆区展品《黄金比例》

将人的肚脐到脚底的高度除以身高,当这个比例接近 0.618 时,就属于黄金比例身材。遗憾的是,大多数人的这个比例在 0.58 左右。

为什么向日葵和松果的种子排列呈现螺旋形？

向日葵顶着一个金黄色的大花盘，一看见它，就觉得这种可爱的植物正在向你展示充满活力的微笑。不过，向日葵的花盘可不是一朵花，而是一个花序，里面有很多花。向日葵属于菊科家族中的一员，它有着菊科的典型花序——头状花序。根据形态，向日葵的花可以分为舌状花和管状花。周围一圈黄色"花瓣"是舌状花，舌状花不结果；中间密密麻麻的是管状花，授粉后可以结出好吃的瓜子儿。

向日葵的舌状花

向日葵的管状花

向日葵

向日葵的花盘

大自然的形与色

　　向日葵的种子不仅好吃，还好看，仔细观察便会发现，它们并非随意生长，而是排列成一条条螺旋线的形状。向日葵的花盘上有两簇方向相反的螺线：一组按顺时针方向盘绕，另一组则按逆时针方向盘绕，并且彼此相嵌。这两簇螺线的数目通常是斐波那契数列中的两个相邻项，一般逆时针方向为 21 条，顺时针方向为 34 条；或者在不同品种的向日葵中，逆时针方向为 34 条，顺时针方向为 55 条。更大一些的向日葵的螺线数甚至可以到 89 和 144，或者 144 和 233。

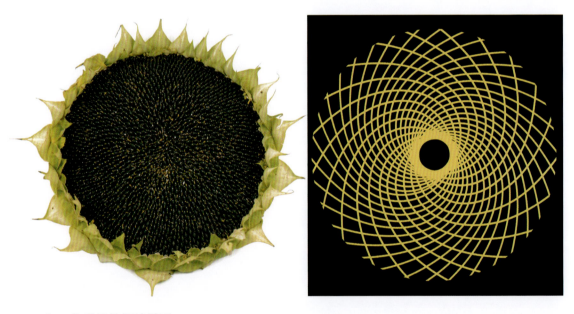

向日葵种子的螺线排列

　　科学家们研究发现，向日葵种子的螺旋排列方式，能使花盘上排列的种子最多，并且种子排列紧密，没有间隙，花盘也变得坚实可靠，这是最有利于植物生长以及种子传播的排列方式。

这个规律不仅适用于向日葵,其他植物,比如松果上的种子排列也同样遵循这一规律。松果是松树的球果,其形状像一座塔,层次分明,因此也被称作松塔。松果是松树为种子精心预备的塔楼,鳞瓣内即种子生长成熟的地方。

如果仔细观察,就会发现松果一般有 8 条顺时针的螺旋线和 13 条逆时针的螺旋线,而 8 和 13 正是斐波那契数列中的两个相邻项。诸如此类的现象在植物界并不少见。植物为了在有限的条件下产生最多的种子,提高自身的繁殖率,不约而同地呈现出斐波那契数列的规律。

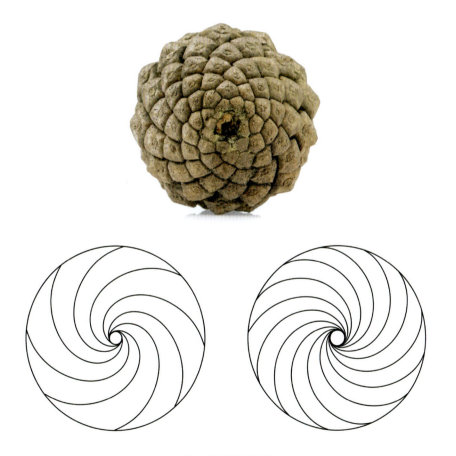

松果的螺线排列

大自然的形与色

除了植物，斐波那契数列在动物中也有奇妙的体现。这一规律的典型动物代表，就是贝类生物中的鹦鹉螺。鹦鹉螺外壳的横剖面是一个典型的斐波那契螺旋线形态。在鹦鹉螺中，每一段螺线半径和后一段螺线半径之比都近似为黄金分割比。这种形状的生长方式在蜗牛等有壳动物中也有出现。这种形态不仅美观，而且具有极强的结构稳定性。在受到外力冲击时，这种对数螺旋的结构能够有效地分散冲击力，保护动物内部的软组织不受伤害。

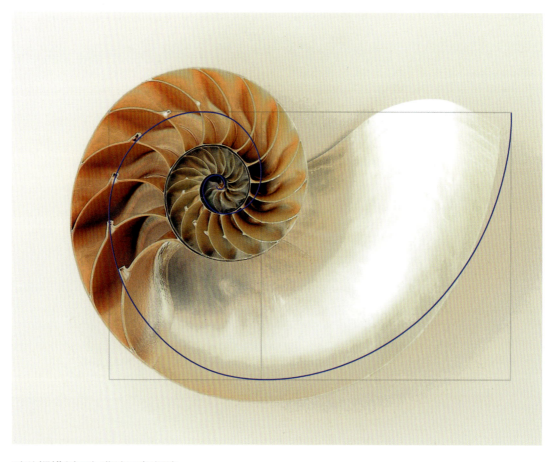

鹦鹉螺横剖面与斐波那契螺旋

第一章　几何形状与自然奇观

对称有哪些种类？

对称的现象在自然界以及我们每天的日常生活中可谓无处不在。蝴蝶、花朵、建筑、装饰……它们都具有对称的结构；照照镜子，我们的脸基本上也是对称的。对称在大自然、生命、艺术、生活中有着很大的意义，甚至早在"对称"这一概念被明确提出之前，它就已经被人类运用在生活中了。

常见的对称结构

所谓对称,指的是物体相同部分按照一定规律重复出现。如果一个平面图形沿一条直线折叠,直线两旁的部分能够完全重合,这个图形就叫作轴对称图形,这条直线就叫作对称轴。我们熟悉的正方形、长方形、圆形、等腰三角形等,都是轴对称图形。

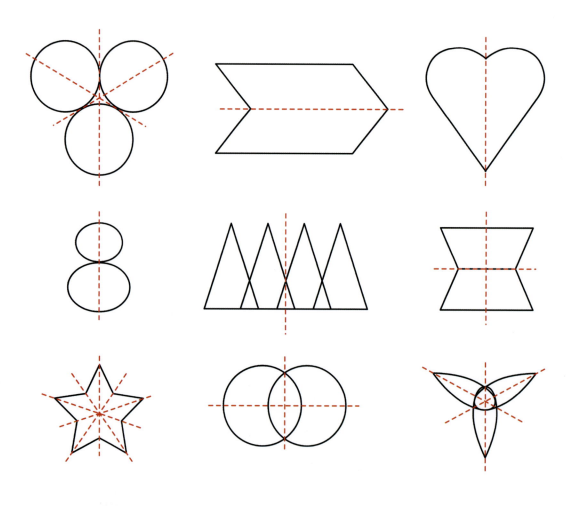

一些轴对称图形

第一章　几何形状与自然奇观

中国的古典建筑，青铜器、瓷器等器物的造型及其纹饰，还有中国结等传统编织艺术，无不体现了轴对称的美学特征。

而有些图形，我们无法画出一条直线，使得这条线两边的部分完全重合，比如风车、电扇叶片。这些图形虽然不是轴对称的，但依然给人一种对称的美感。这是因为如果围绕一个点旋转它们，能够与原来的图形完全重合，这样的图形称为旋转对称图形。我们熟悉的正方形、长方形、圆形、平行四边形等，都是旋转对称图形。

中国结

青铜器

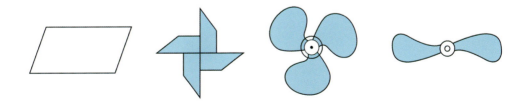

一些旋转对称图形

旋转后的太极图

如果一个图形,围绕某点旋转180度后能够与原图形重合,这种特殊的旋转对称图形又叫作中心对称图形。传统文化中的阴阳太极图,就是一个典型的中心对称图形。

纷纷扬扬的大雪落下,景色很美。如果观察一片片单独的雪花,其形态也很美。雪花是自然形成的对称图形。不同的雪花形态各异,但大体上,它们都是六角形的。一片雪花旋转60度、120度、180度、240度、300度和360度后,得到的结果都能与原来的图形完全重合。这在科学上称为六重旋转对称性。

利用现代技术拍摄的雪花照片

第一章　几何形状与自然奇观

二方连续图形

四方连续图形

合肥市科技馆蜀西湖馆区展品《对称的图案》

通过三面镜子的反射，可以观察图案在镜中的对称性与规律性，直观地体验对称的美学效果。

　　再如竹节或串珠，平行移动一定的间隔，图形完全重复，这也可以称为一种对称，即具有平移对称性。平移对称性给人以连贯、流畅的感受。一个图形以一个不断连续的方式向上下或左右重复延伸，称为连续对称。我们看到这个图形时，无论视点移到哪个位置，呈现在我们视觉中的都会是一种连贯的整体感觉，协调统一。

　　人类对"对称美"的思索可以追溯到人类文明的初始阶段。早在古希腊，哲学家对艺术中的美的理解无不与对称有关，亚里士多德认为："美存在于秩序、对称、明确。"时至今日，人类在各领域更深刻地理解对称：人们在数学上研究对称，在高等数学中还有专门关于对称性的数学理论——群论；在物理学中，对称性原理是事物深层次的原理，物理学公式、定律表达方式以及理论结构等所反映的对称性不胜枚举；在生物学中，对称指生物体在对应的部位上有相同的构造……人类对"对称美"的追寻和探索将一直持续。

为什么许多生物的结构呈现对称性？

根据联合国环境署2011年8月24日发布的一份研究结果，地球上大约有870万种生物物种，包括650万种陆地生物和220万种海洋生物。繁多的物种，呈现了风采各异的面貌。但不可否认的是，不同物种的许多生物的结构都具有对称性。

在动物界，无论是脊椎动物中的哺乳类如老虎、小熊猫、大象，当然包括我们人类自己，爬行类如鳄鱼、蜥蜴等，两栖类如青蛙、蟾蜍等，还是无脊椎动物中的软体动物如蛤蜊等，节肢动物中的昆虫、蜈蚣等，形态呈对称的动物随处可见。

形态对称的动物

生物的对称性分为两种：双侧对称（或者称为左右对称）和辐射对称。双侧对称是指想象将生物体沿中线切开，单看外表的话两边的形态会大致相同，仿佛镜像一样，这在人类和大多数动物中都能看到。辐射对称则是指生物体从中心向外辐射生长，形成对称的结构，典型的动物如海星。

五辐射对称的海星

外形不对称的蜗牛

当然也有外形不对称的生物，比如腹足类的动物，我们熟悉的蜗牛及各种螺类。完全不对称的身体结构，也是腹足纲的奇特之处。另外，变形虫、海绵这样的低等动物，也没有对称结构。

外形不对称的螺类

生物对称性的产生与进化有着密不可分的关系。在漫长的进化历程中,生物为了适应环境的需要,逐渐演化出了对称结构。对称性的出现可以有效地提高生物的运动效率,减少能量消耗。比如,对称结构可以让生物的运动更加协调和稳定,从而节约体力,提高生存能力。此外,对称结构还可以提高生物的食物获取效率。例如,一些植食性动物的牙齿和口部结构都呈现出对称性,这可以让它们更有效地咀嚼食物,吞咽更顺畅,从而提高食物利用率。另外,对称结构还可以增加生物的保护能力,让生物更好地隐藏自己,比如一些昆虫的翅膀会在静止时紧密贴合身体,形成完美的对称,这可以让它们更好地隐藏自己,避免被天敌发现。

植物中的对称结构也很常见。花的对称性是进化过程中的一种典型特性,主要也可分为辐射对称和两侧对称两种形式。辐射对称是指花中所有同类型的器官都完全相同,且均匀地排列在花托周围,具有两个或两个以上的对称面;两侧对称则是指通过花的中心轴只有一个对称面能将其分成对等的两半。

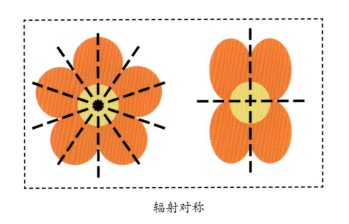 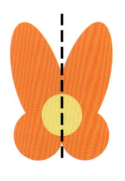

辐射对称　　　　　　　两侧对称

花的对称性示意图

被子植物初始起源的花为辐射对称性的。这种对称性使得花朵可以从多个方向吸引传粉者，增加了传粉的机会，从而提高植物的繁殖成功率。牡丹、玫瑰、郁金香等花卉都是典型的辐射对称的花。两侧对称的花则是辐射对称的花的衍生状态。其中，两侧对称的花部结构的出现和进化被认为是被子植物进化（即物种形成和分化）的关键推动力之一。有研究表明，两侧对称的花能够显著提高传粉效率，是植物适应特定传粉者或与特定传粉者协同进化的结果。蚕豆花是典型的两侧对称的花。

两侧对称的蚕豆花

辐射对称的郁金香

什么是分形？

芒德布罗

分形最早是由数学家伯努瓦·芒德布罗在1973年创造性提出的。芒德布罗开创了分形几何学，并把它应用于物理、生物、金融等诸多领域，被称为分形之父。

分形的原意是指不规则、支离破碎的形态，而现在它被用来泛指那些不规则结构或构型。自相似性是分形的一个重要特征，即分形的局部总能与整体以某种方式相似，而分形的整体却不随测量尺度的变化而变化。简单来说，就是分形图形的某一部分放大后的形状和总体形状相似——无论是多小的部分，若把其放大到适当的大小，总能得到与原来相似的图形。

康托尔集、科赫曲线、皮亚诺曲线、谢尔宾斯基三角形等都是经典的分形集。

康托尔集构造
一个线段把中间的1/3去掉，得到2条分开的线段；再对剩下的2段进行相同的操作，得到4条线段。如此重复进行直到无穷，最后得到的图形集合就是康托尔集。

大自然的形与色

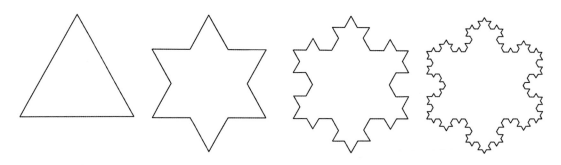

科赫曲线构造

从一个正三角形开始,每边增加一个 1/3 边长大小的小三角形,它就变成了一个六角星,接着在每个小三角形的边上继续增加它的 1/3 边长大小的小三角形;无限重复这个过程,就会得到科赫曲线。

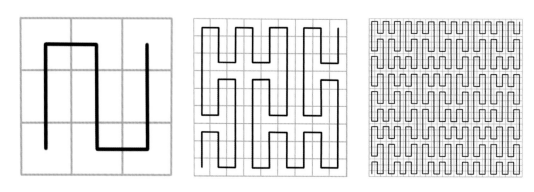

皮亚诺曲线构造

首先取一个正方形并把它分成 9 个相等的小正方形,然后从左下角的正方形开始至右上角的正方形结束,依次将小正方形的中心连接起来;下一步,再把每个小正方形分成 9 个相等的正方形,然后按上述方式把其中心连接起来……如此重复进行以至无穷,便形成了一条皮亚诺曲线。

谢尔宾斯基三角形构造

对一个等边三角形,取每边中点连线,将该三角形均分为 4 个小三角形;去掉中间的 1 个三角形,再对其余 3 个三角形进行同样的操作,一直持续下去直至无穷,所得图形称为谢尔宾斯基三角形。

第一章　几何形状与自然奇观

在日常生活中一提到图形，人们很自然就会想到正方形、三角形、圆形等规则、光滑的图形，我们运用传统几何学知识，去测量长度，进而可以得到它们的周长、面积、体积等数据。然而在大自然中，我们见到的图形大多数是不规则的，如蜿蜒曲折的海岸线、树木、岛屿、湖泊和云朵等。

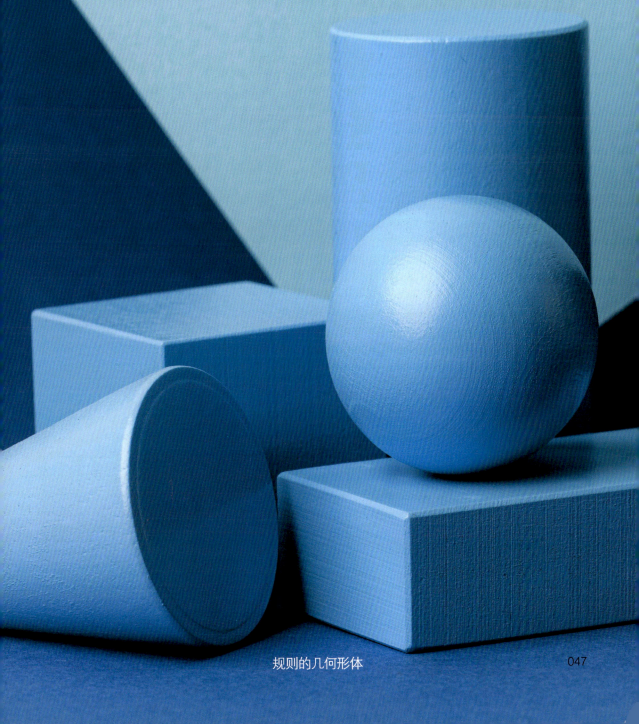

规则的几何形体

大自然的形与色

传统几何中的球体、锥体和圆周等几何图形无法精确描绘大自然中的云彩、山岭、海岸线和树木等的形状，这是因为大自然中的许多图形是极不规则和支离破碎的，而传统欧氏几何研究的却是光滑标准的几何图形。正如芒德布罗在其代表作《大自然的分形几何》的开篇写道：

"云彩不是球体，山岭不是锥体，海岸线不是圆周，树皮并不光滑，闪电更不是沿着直线传播的。"

但是分形几何这个数学分支能够更加精准贴切地描述大自然中的物体和现象，所以分形几何又被称为"大自然的几何学"。

大自然中的分形：闪电、雪花、叶、瀑布

为什么很多植物展示了分形特征？

蕨类植物的分形

分形现象在植物中很常见，树枝、根系、花、叶、果……只要留心观察，便能发现美妙的具有自相似性的分形图案。比如在蕨类植物中，如果将一个叶片分为几个部分，每一部分都会形成一个尺寸缩小但形状与整体叶片图案一模一样的复制品。

一棵树也会产生分形图案。树干上分出了树枝，而每一根树枝上又会分出大量的枝丫。每一部分的枝丫与整体都具有相似性，因此如果单独观察一根枝丫的话，很难搞清楚它到底是"第几级"的分枝。

再如罗马花椰菜，俗称青宝塔，是一种可食用的蔬菜。罗马花椰菜的花球表面由许多螺旋形的"圆锥体"组成。如果细看每个"圆锥体"，会发现它们上面又长着同样形状的"小圆锥体"，再进一步细看会发现"小圆锥体"上还有相似的"小小圆锥体"……难怪罗马花椰菜成为研究分形几何学的典范模型。

罗马花椰菜的分形

树枝的分形

第一章 几何形状与自然奇观

分形结构不仅使植物极具艺术之美，而且可以让植物有效地填充可供它们利用的空间，拥有更大的表面积。具有分形特征的叶，能够最大限度地暴露在阳光和空气中，获得更多的光照，有利于进行光合作用；具有分形特征的根，能够最大限度地接触土壤，吸收更多的水分和矿物质；具有分形特征的叶脉，能够最大限度地为叶片输送水分、无机盐，并将光合作用产物输送给植物的其他部分。

具有分形特征的树根

第二章
色彩缤纷的大自然

　　我们生活在一个色彩缤纷的世界里。无论是蔚蓝的天空、湛蓝的大海，还是翠绿的森林、五颜六色的花朵，每一种颜色都在讲述着大自然的故事。为什么天空是蓝色的？为什么大多数植物是绿色的？为什么蜜蜂和蝴蝶会被黄色吸引？在这一章，我们将一同探索大自然中那些神奇的色彩，揭开它们背后的秘密。通过这些缤纷的色彩，你会发现，大自然是最伟大的艺术家！

为什么我们可以看到那么多不同的颜色？

"生命是张没价值的白纸 / 自从绿给了我发展 / 红给了我热情 / 黄教我以忠义 / 蓝教我以高洁 / 粉红赐我以希望 / 灰白赠我以悲哀 / 再完成这帧彩图 / 黑还要加我以死 / 从此以后 / 我便溺爱于我的生命 / 因为我爱他的色彩。"

爱国诗人闻一多先生1923年在诗作《色彩》中通过大胆想象，赋予颜色以各种象征意义，表达了对多彩生命的热爱与赞美。

颜色是什么？对于这个问题，不同的人可能会给出不同的答案。

如果你问的是一位文学家，他可能会告诉你，颜色是自然的语言，是情感的表达，是文化的符号，更是灵魂的映射。

如果你问的是一个小朋友，他可能会告诉你，颜色是红、橙、黄、绿、蓝、靛、紫。

如果你问的是一位物理学家，他可能会告诉你，颜色是不同波长的光，也就是电磁波。

如果你问的是一位生物学家，他可能会告诉你，颜色是我们眼睛和大脑对光的反应，是视觉系统的一种复杂感知。

大自然的形与色

在古代，人们对大自然的颜色的理解主要依赖于哲学和宗教的解释，他们认为颜色是光与暗的混合，或光与物质相互作用的结果。尽管有一些早期的科学探索，但由于缺乏对光的本质和波长的理解，这些解释仍然比较模糊和神秘。

到了17世纪，英国科学家牛顿通过著名的棱镜色散实验发现了光的分解现象。他将一束白光通过三棱镜，光线分解成了红、橙、黄、绿、蓝、靛、紫7种颜色，形成了光谱。牛顿的实验表明，白光实际上是由多种颜色的光混合而成的。

光的色散
白光通过三棱镜，可以分为红、橙、黄、绿、蓝、靛、紫七色光。

第二章　色彩缤纷的大自然

合肥市科技馆蜀西湖馆区展品《七彩的光》
这件展品利用的就是光的色散现象，白光透过玻璃棱镜，在白色的圆柱上呈现出七色光。

　　这七色光实际上就是人类肉眼可以看到的光，被称为可见光。光是一种电磁波，它们具有不同的波长。可见光的波长范围大约是380纳米到750纳米，光的波长越短，颜色就越接近紫色；波长越长，颜色就越接近红色。

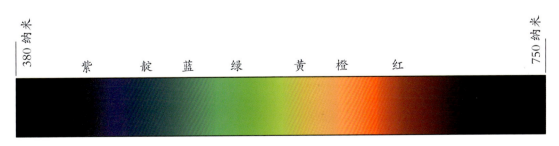

可见光波谱

人能够看到物体的颜色，是因为物体反射光线或自身发光。这些光线进入人眼，人的视觉神经将信息传输给大脑，此时我们感知到物体的颜色。

黄色的花
当白光照射到一朵黄花上时，除了黄光，其他颜色的光都被花吸收，只有黄光反射到我们眼睛里面，因此我们看到花是黄色的。

我们之所以能够看到那么多不同的颜色，是因为我们的眼睛里有三类特殊的细胞——视锥细胞。每种视锥细胞对特定颜色的光敏感，分别是红色、绿色和蓝色。当光线进入眼睛并刺激视锥细胞后，视锥细胞可以将这些信息传递到大脑，大脑会将这些信息解析为我们所感知到的颜色。通过视锥细胞的协同工作，我们的大脑能够将这些信号组合起来，使我们看到多种多样的颜色。

不同人的视锥细胞数量并不完全相同，这可能会导致每个人在颜色辨别上有些许不同。有些人的视锥细胞较多，能感知更细微的颜色差别；而有些人的视锥细胞较少，可能对某些颜色的敏感度较低。

为什么天空是蓝色的？

为什么天空是蓝色的？这个问题可能每个人小时候都好奇过。

尽管天空看起来像一个空旷的穹顶，但它并不是空的。天空中充满了空气，主要由氮气、氧气、氩气等气体组成。此外，天空中还有大量的尘埃、冰晶、小水滴等各种微小颗粒。这些看不见的和看得见的物质，共同构成了我们所观察到的天空。

天空中存在的气体和微粒本身并不是蓝色的。那么,天空的蓝色到底来自哪里呢?

历史上第一位对这个问题做出科学解释的人是英国物理学家约翰·威廉·斯特拉特,也被称为瑞利勋爵。

随着太阳从东方缓缓升起,白昼便悄然展开。太阳光看起来是白色的,但实际上它是由不同波长的光组成的,包括红色、橙色、黄色、绿色、蓝色、靛色和紫色等颜色。

当太阳光进入地球大气层时,它会遇到空气中的气体分子和其他微小颗粒,有些小颗粒比光的波长还要小。瑞利发现这些小颗

瑞利勋爵

太空

瑞利散射

大气层

瑞利散射示意图
被散射的蓝光弥漫在整个天空,从而使天空呈现出蓝色。

第二章 色彩缤纷的大自然

粒会使光线发生散射，而且波长越短的光，散射得越强烈。由于蓝光比红光波长短，散射较强烈，被散射的蓝光弥漫在整个天空，从而使天空呈现出蓝色。这种散射规律是由瑞利于1900年发现的，所以也被称为瑞利散射。

太阳光

061

看到这里,你可能要问了:紫光不是波长更短吗?按上面所说,紫光散射得应该更强烈,天空怎么不是紫色的呢?

这其实是由多个因素共同决定的。首先,虽然太阳光包括了所有可见光谱的颜色,但紫光的比例较少,因此,即使紫光被更强烈地散射,它的比例也不足以让天空看起来是紫色的。其次,人眼中的视锥细胞对不同波长的光敏感度不同。我们对蓝光的感知比对紫光更敏感,因此,即使紫光存在,蓝光仍然占主导地位。最后,大气中的臭氧层吸收了一部分紫光,这减少了散射紫光的数量,使得紫光对天空颜色的贡献进一步减小。因此,我们看到的天空呈现出蓝色,而不是紫色。

大海的蓝色真的来自天空的反射吗?

蓝天大海,总是格外受到人们的喜爱和向往。在我们的印象中,蓝天与大海常常连成一片,呈现出海天一色的美景。这让很多人认为大海的蓝色是因为反射了天空的颜色。那么,大海的蓝色真的来自天空的反射吗?

海水和普通水一样,本身都是透明无色的,水体的颜色主要取决于水分子对光的吸收、散射等。当阳光照射到海水中时,波长较长的红光、橙光、黄光在水中容易被水分子吸收;波长较短的蓝光和紫光具有较强的穿透能力,并且在水中更容易发生散射。尽管紫光散射得更强,但由于太阳光中紫光的含量较少,且人眼对紫光不敏感,因此我们看到的大海主要呈现蓝色。

所以,虽然天空的蓝色确实会部分反射到海面上,特别是在风平浪静时,这种反射可以增强海水的蓝色效果。但这种影响是有限的,并不是海水呈现蓝色的主要原因。

其实，大海并不总是蓝色的。这是因为其他因素也会影响大海的颜色，例如大海中颗粒物的存在和海洋深度的不同。

我国的黄海在古代是黄河的入海口，黄河携带的大量泥沙涌入海中，将原本蓝色的海水"染"成了黄色。

黄海

在浅海区，水的深度较浅，光线在穿透水体时，一部分绿光没有被完全吸收，能从海底反射和散射出来，使得水呈现出蓝绿色或绿松石色。

第二章 色彩缤纷的大自然

蓝绿色的海

大自然的形与色

为什么大多数植物是绿色的？

　　植物的绿色是大自然中常见的颜色。无论是在茂密的森林中，还是在广阔的田野里，我们总是会被这片片绿色所包围。绿色给我们带来清新的感觉，也让大自然显得格外美丽。那么，为什么大多数植物叶片是绿色的呢？这可不是大自然随意挑的颜色，背后其实有着有趣的科学道理！

植物之所以大多数是绿色的,是因为它们的叶子里有一种神奇的物质——叶绿素。叶绿素是植物的"小太阳能电池板",能够吸收太阳光,然后把这些光能转化成植物生长所需的能量,这一过程被称为光合作用。

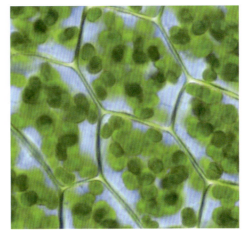

叶绿素
显微镜下可以清晰地看到植物叶片细胞中含有大量的叶绿素。

不过，太阳光是由很多种颜色的光组成的，叶绿素最喜欢吸收的是红光和蓝光，因为这些光能够帮助它们更好地进行光合作用。有一种光叶绿素并不太喜欢，那就是绿光！所以，叶绿素会将绿光"拒之门外"，将其反射出去。当我们用眼睛看植物时，看到的就是这些被反射的绿光，这就是为什么植物看起来是绿色的原因。

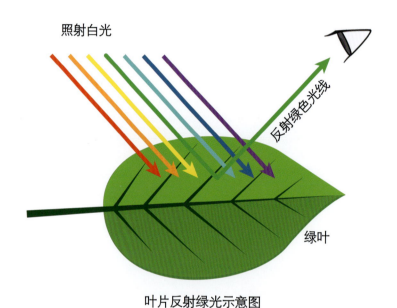

叶片反射绿光示意图

绿色不仅是植物的外在特征，更是它们进行光合作用的关键标志。通过光合作用，植物将阳光、二氧化碳和水转化成有机物，并释放出我们呼吸所需的氧气。作为生态系统的生产者，植物生产的有机物可以被其他生物摄入并消化，然后通过食物链将生物能传递给生态系统中的其他消费者。所以，光合作用不仅让植物生机勃勃，也让整个地球充满了生命力。

动物如何通过保护色隐身于自然？

你能找到图片中的蝗虫吗？

大多数植物穿着"绿色的外衣",这一点我们已经知道,是因为植物体内的叶绿素在发挥作用,使植物能吸收阳光进行光合作用。但你知道吗?在这些绿色的植物之间,还藏着一些"绿色小偷"。为了躲避捕食者,或者为了更容易接近猎物,它们进化出了与环境相似的颜色,让它们能够轻松地在草地、树叶间"隐身"。它们是谁呢?

蝗虫,俗称蚂蚱、草蜢,它们可能是现存极为古老的咀嚼式草食昆虫类群之一。生活在草丛等绿色植物上的蝗虫,其体色是绿色的,无论是在跳跃还是静止时,它们都很难被捕食者发现。这种绿色是一种保护色,让蝗虫能够融入周围的绿色环境中,避免被天敌发现。

大自然的形与色

  在大自然中，许多动物进化出了巧妙的保护色，而蛙类可以说是这方面的高手。例如，黑斑蛙就是一个出色的伪装专家。当它们躲在漂满浮萍的池塘水面下时，只露出头来观察周围。它们绿色的皮肤与浮萍的颜色几乎一模一样，而背上的黑色小斑点则恰好像是浮萍间的缝隙，使其完美地融入了环境中。只要它们保持静止，即使捕食者近在咫尺，也很难发现它们的存在。

藏身于浮萍中的黑斑蛙

第二章 色彩缤纷的大自然

峨眉树蛙
其体色随环境变化,能够很好地模拟树皮和苔藓地衣。

中国特有的蛙类——四川狭口蛙
其外表颜色和质感能够根据外界情况产生一定的变化,模拟树皮或泥土,从而有效隐蔽、保护自己。

保护色是动物界中常见的防身策略之一,也是它们在生存竞争中重要的求生秘诀。这种巧妙的伪装让动物们能够在周围环境中悄无声息地隐藏自己,避开天敌的视线,或是在捕猎时不被猎物察觉。

大自然的形与色

为什么蜜蜂对黄色特别敏感？

　　你有没有注意过，在花园里忙碌的蜜蜂，似乎特别喜欢飞向黄色的花朵？无论是向日葵还是蒲公英，蜜蜂总是很快就能发现它们。这是巧合，还是它们真的对黄色有特殊的偏爱呢？

　　答案其实藏在蜜蜂的眼睛里。蜜蜂的视觉系统与人类的大不相同。人类的眼睛主要由视锥细胞来感知颜色，这些细胞分别对红、绿、蓝三种颜色敏感。因此，我们看到的世界是由红、绿、蓝等颜色组合成的。但蜜蜂的眼睛结构与人眼不一样，它们的眼睛是由很多个小眼组成的，称为复眼。每个小眼都能捕捉到一部分光线，这些光线汇聚在一起，形成了蜜蜂对世界的独特感知。

向日葵与蜜蜂

蜜蜂的复眼

蜜蜂的复眼对绿色、蓝色和紫外线比较敏感，而对红色不太敏感，所以蜜蜂无法像人类一样看到红色，但是它们能看到紫外线光，这一点是人类所不具备的能力。在蜜蜂的世界里，很多黄色的花朵在紫外线光下显得特别醒目，就像是闪烁的信号灯，指引蜜蜂准确地找到食物。

为什么红色和黄色在交通和警告标志中被广泛使用？

交通信号灯采用红、黄、绿三种颜色，这一点已经深入人心。我们从小受到的交通安全教育经常在脑海中回响：红灯停、绿灯行，黄灯亮起要等待。如果出行的时候留心观察，除了交通信号灯，我们还经常会看到各种警示标志：禁止通行、禁止吸烟、注意安全、当心坠落……回忆一下，它们通常是什么颜色的呢？

禁止通行　　　　　　　　禁止吸烟

注意安全　　　　　　　　当心坠落

常见的警示标志

大自然的形与色

设置在公共场所和工作区域的安全色和安全标志有专门的国家标准。安全色是传递安全信息含义的颜色,包括红、黄、蓝、绿四种。安全标志用以表达特定安全信息,由图形符号、安全色、几何形状(边框)或文字构成,分为禁止标志、警告标志、指令标志和提示标志四大类型。

红色传递禁止、停止、危险或提示消防设备的信息,简单来说红色表示"千万不能这么做"。黄色传递注意、警告的信息,就是告诉人们"小心点",不然容易出事。蓝色传递必须遵守的指令性信息,简而言之,"请按规矩做"。绿色传递安全的提示性信息,就是告诉人们"如果不知道怎么办的话,跟它走吧!"

禁止停车　　　　禁止右转　　　　禁止游泳
常见的禁止标志

当心落石　　　　当心地滑　　　　当心触电
常见的警告标志

必须佩戴安全帽　　　　必须佩戴防护眼镜　　　　必须穿救生衣

常见的指令标志

紧急出口　　　　　　应急避难场所　　　　　　急救点

常见的提示标志

无论是交通信号灯，还是安全标志，为什么使用红色和黄色来传达停止、禁止、注意或警告等信息呢？

从光学原理来看，在可见光范围内，红色光的波长最长，更容易绕过空气的微小颗粒，使得它的穿透性强，比其他颜色的光传播得更远。比如在大雾天气时，红灯可以让人们远远就能看见，提前预警。这也是为什么汽车的尾灯一般都用红色，特别是在雾气比较重的天气，可以提示后面的车辆保持车距，防止追尾事故。而黄色光波长适中，易于在远距离看清，因此也适合用来传达警告信号。

红色和黄色的警告作用可不仅在人类社会发挥作用，在大自然的生物系统中同样适用。有些生物为了警告天敌自身有毒，进化出了极度鲜艳醒目的颜色，比如红色、橙色或者黄色等明亮的色彩，使得天敌一眼就能将它们识别：这玩意儿有毒，千万别吃它！来自拉丁美洲的箭毒蛙无疑是全球非常著名的蛙类之一，它们华丽璀璨的体色，就是典型的警戒色。昆虫也是使用警戒色的高手，它们用红、黄等颜色精心构建的警戒色，可是真正的"救生衣"呢。

箭毒蛙的警戒色

昆虫的警戒色

第二章 色彩缤纷的大自然

自然界中有黑色的花吗？

形容花朵，我们常常用"五颜六色""万紫千红"。的确，植物花朵的颜色实在丰富，红的黄的蓝的紫的白的，各种颜色的花朵争奇斗艳。可是，你见过黑色的花吗？或者说，自然界中有黑色的花吗？

有资料显示，自然界中以白色花最多，其次为黄、红、蓝、紫、橙、茶等颜色。黑色或接近黑色的深色花最为稀少，这是大自然的物种在进化过程中的生存选择。一般认为暗黑色花朵稀少的原因可能有两种。

一方面，花粉主要依靠昆虫传播，而蜜蜂和蝴蝶这些昆虫通常喜欢采集颜色艳丽的花卉，黑色花卉并不受昆虫们"青睐"。没有昆虫传粉，这些植物的繁殖只能依靠风传播等其他方式。与昆虫传粉相比，风传播的随机性和局限性太高了，因此黑色花卉的繁衍很困难。

另一方面，我们看到的花朵的颜色，是其反射出来的光造成的。例如红色或橙色的花，它们吸收阳光中的蓝、紫色光，而将红、橙色光反射出来，因此我们看到这些花朵是红色或橙色的。那么如果一朵花是黑色的，它便会吸收所有波长的光，由于光具有能量，黑色的花在阳光下自身迅速升温，最终导致娇嫩的花朵受到灼伤进而凋亡。这就像我们在烈日下，穿黑衣服会比穿白衣服感觉更热一样。

老虎须是一种生活在热带雨林中的奇异植物，有时候人们会将它归为"黑色"花朵。老虎须，中文学名为箭根薯，其下垂的丝状小苞片长达几十厘米，形如胡须，整个花序看上去就像一张龇牙咧嘴的老虎脸，因此得名老虎须。又因为在阴暗的热带雨林中，整个花序看上去像一只飞舞的黑蝙蝠，所以它也叫"蝙蝠花"。它们的花一般描述为紫褐色至黑色。

除了老虎须，其他植物如长柱开口箭属、蜘蛛抱蛋属、球子草属等也会开偏黑色的花。这是植物在长期和周围环境互动的过程中，以不同方式适应环境造成的结果。它们一般生长在光线极其微弱的荫蔽林下，根本受不到阳光直射，因此花朵没有被灼伤的危险；而与其合作的传粉动物，也不是蜜蜂、蝴蝶等喜欢鲜艳颜色和芬芳气味的昆虫，而是依靠同样生活在阴暗潮湿林下的蕈蚊类及一些弹尾目昆虫。

老虎须

大自然的形与色

真正的黑色花朵在自然界中很难寻觅到,但园艺家和植物遗传学家却孜孜不倦地开发颜色越来越深的品种,突破了花色领域的可能性。在园艺界,大多数的"黑色"花朵是人工选择性育种和栽培的结果,例如黑牡丹、黑玫瑰、黑郁金香等。这些花大多是因颜色较深,所以被人们称为"黑色"罢了。

黑玫瑰

黑郁金香

第三章
微观世界的形与色

　　孔雀羽毛的绚丽色彩、蝴蝶翅膀的迷人光泽，这些都是大自然中的"结构色"——一种通过微小结构反射和折射光线而呈现出的色彩。在这一章，我们将聚焦于微观世界中的结构色，探寻孔雀羽毛为何会在不同角度下展现出变幻的色彩，了解这种神奇的光学现象如何赋予生物们丰富的视觉表达。跟随我们的脚步，去发现这些不可思议的色彩背后隐藏的科学奥秘，感受大自然的创造力在微观尺度上所绽放的奇迹。

为什么孔雀羽毛在阳光下会变色？

孔雀是一种美丽的鸟类。尤其是雄性孔雀，它们身披翠绿色羽毛，展开绚丽多彩的尾羽，在身后竖起一面华美的"扇屏"，常常引得人们发出由衷的赞叹。孔雀羽毛由蓝、绿、黄、棕等多种颜色组成，尾部羽毛中间还有明显的眼状斑点。如果在阳光下观察，它们的羽毛愈发耀眼，仿佛闪烁着金属光泽；如果观者转换一下视角或环境，会发现它们的羽毛颜色竟然会随之改变。

雄孔雀开屏

孔雀羽毛中间的那根坚韧的杆子称为羽轴,它的左右两边生长着一排排与其成一定的夹角、互相平行的羽枝,而羽枝上又生长着与其成一定夹角、彼此平行的羽小枝。羽枝一般可以用肉眼直接观察到,而羽小枝就需要借助放大镜或显微镜才能看清了。

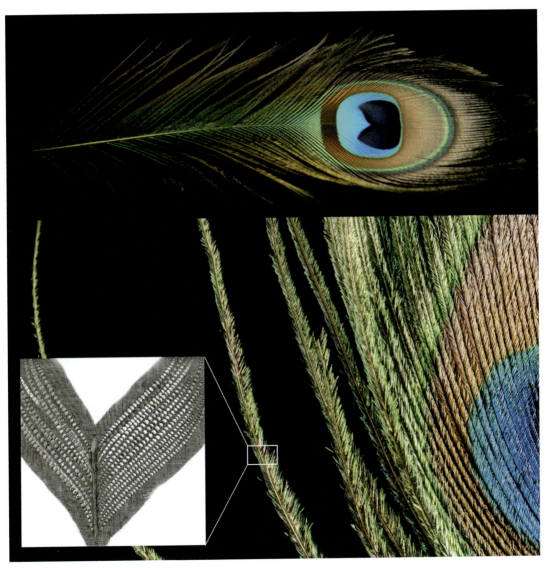

尾羽的整体形态及其结构示意图

孔雀的羽毛不仅在阳光下会变色，如果把它浸在水里也会变色。将孔雀羽毛中的一根羽枝放在水中，通过光学显微镜观察，可以看到原本呈现蓝色的孔雀羽毛在水中变成了绿色。如果进一步利用电子显微镜观察，将孔雀羽毛中的羽小枝分别沿横向和竖向切开，会发现其内部排列整齐的微观结构。科学研究发现，正是这些周期性排列的微观结构与可见光发生相互作用，为孔雀披上了灿烂夺目的色彩外衣。

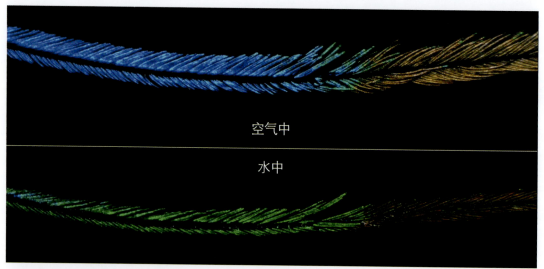

光学显微镜下观察到孔雀羽毛变色

电子显微镜下观察孔雀羽小枝的横截面及纵切面[1]

---

[1] Yoshioka S, Kinoshita S. Effect of macroscopic structure in iridescent color of the peacock feathers[J]. Forma-Tokyo-, 2002, 17(2): 169-181.

第三章 微观世界的形与色

什么是结构色？

在大自然中，除了自发光产生的颜色，常见的颜色来源有两大类：色素色和结构色。色素色主要是物体内的色素分子通过选择性地吸收、反射和透射特定频率的光线，从而展现出不同的颜色，比如花朵、叶片、血液等的颜色都属于色素色。色素色有个特点，无论从哪个角度观察，它的颜色都不会改变。

类似孔雀羽毛这样的，由于特殊的微观结构而拥有的颜色，称为结构色。结构色是光与物体的微观结构相互作用而形成的，它不依赖于物体中是否含有色素分子，只要本身结构不被破坏，光一照，颜色就显现出来了，因此它不会褪色。结构色通常亮度很高，因而看起来异常鲜艳饱满。而且，大部分的结构色还具有虹彩效应，即具有结构色的物体表面常常会出现如彩虹一样的七色光泽。

结构色在生物界中非常常见。结构色的存在使得生物体显现出无比绚丽的色彩，并赋予它们求偶、报警、自我保护等功能。

鸟类爱用结构色装点自己的羽毛。除了孔雀，像大家非常熟悉的蜂鸟的羽毛通常华丽鲜艳，带有金属光泽，这也是结构色的功劳。

蜂鸟的结构色

昆虫世界中也能见到许多结构色的奇妙应用。观察透明的蝉或蜻蜓翅膀，会看到类似彩虹的光泽，这是光与翅膀薄膜发生作用形成的，原理与油膜在水面形成虹彩类似，这也是一种结构色。除了薄膜类翅膀外，一些蝴蝶闪亮艳丽的鳞翅，甲虫充满金属色泽的鞘翅，都是结构色的功劳。例如著名的蓝闪蝶，它身上并没有蓝色色素，其闪亮的蓝色翅膀是典型的结构色。

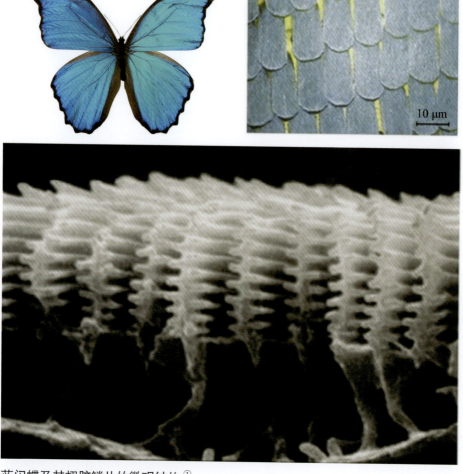

蓝闪蝶及其翅膀鳞片的微观结构[①]

① Niu S, Li B, Mu Z, et al. Excellent structure-based multifunction of morpho butterfly wings: A review[J]. Journal of Bionic Engineering, 2015, 12(2): 170-189.

第三章 微观世界的形与色

昆虫翅膀上的虹彩,是一种结构色

合肥市科技馆蜀西湖馆区展品《动物的颜色从哪里来——结构色》
蓝闪蝶和家鸽的色彩是结构色的一种典型表现。当光线从不同角度照射在蓝闪蝶的翅膀或家鸽的羽毛上时,会呈现出绚丽的色彩变化。

很多动物可以变色也和结构色有关。比如豹变色龙在放松状态时身体是绿色的，但在受激状态下会变成黄色的。这是因为豹变色龙皮肤中含有大量的纳米颗粒规则排列的点阵，当光线照射到其皮肤表面时与这些点阵发生作用，从而反射不同颜色的光。豹变色龙激动时，纳米颗粒间距变大，反射光的波长会相应增加，反射的绿光变为黄光。

放松状态时身体是绿色的

受激状态时身体是黄色的

第三章　微观世界的形与色

不仅在动物身上，植物中也存在结构色。植物的花、叶、果实等部位的颜色大部分是色素色的功劳。但科学家发现，尽管蓝莓果皮中的色素是深红色的，但其蜡质层中的微小结构使它们呈现蓝色。蓝莓表皮的蜡质层中随机排列的晶体结构与光线相互作用，可以散射蓝光和紫外光。这使得蓝莓对人类来说是蓝色的，对鸟类来说呈现蓝紫色。

蓝莓果实表皮呈现的蓝色是一种结构色

大自然中的结构色还存在于石头中。欧泊是一种美丽的具有变彩效应的宝石，在矿物学中属蛋白石类。欧泊的色彩是胚体色调与变彩色调的合力之作，其中变彩色调就是一种结构色。欧泊的主要成分是含水的二氧化硅，这些二氧化硅分子紧密堆积，形成了类似小球的结构，而小球之间有很多空隙，填充着水和空气。当光照射欧泊时，随着入射角度的变化，不同波长的光会发生衍射，于是我们看到了五颜六色的光彩。

欧泊的变彩效应是一种结构色

我们赞叹大自然的结构色，不仅因其美观，还源于其精妙的微观机理。科学家们充分发挥向自然学习的精神，不断探索其中的奥秘，制造出可媲美自然结构色的人工结构色，并使之造福人类。仿生结构色的开发与应用，为动态显示、光学防伪、信息加密、可视化传感、彩色印刷等领域提供了全新的思路与技术支持。

第四章
形状与色彩的艺术创作

　　大自然赋予了我们无穷的美丽,形状与色彩是其重要的表现形式。在自然的形与色中,科学与艺术交汇出一片独特的天地。人们在探索自然的过程中,将得到的科学知识以绘画的形式表现出来,由此产生了科学插画;而科学摄影则通过镜头捕捉真实的科学现象与自然细节。这一章将带领我们深入了解科学插画和科学摄影这两种独特的艺术形式,体会人们如何用画笔和镜头将科学发现转化为动人的视觉作品,为我们的科学认知带来全新视角。

科学插画：形状与色彩的精妙表达

　　插画，也常被人们称为插图。传统的插画指的是插附在书刊中的图画，对正文内容起补充说明或艺术欣赏作用。当然，随着社会的发展与技术的进步，插画这种艺术形式已不再局限于书刊，而是扩展到了电影、游戏、广告等更多数字领域。

　　科学插画是插画的一个类别。人们在探索自然的过程中，将得到的科学知识以绘画的形式表现出来，这就是科学插画的由来。科学插画作为记录、研究、传播科学知识的视觉艺术表现形式，既要保证其科学准确性，又要兼顾画作的艺术性，是科学与艺术融合的完美体现。

　　科学插画可分为自然科学类插画和医学插画。自然科学类插画在生活中比较常见，它覆盖的领域非常广泛，常出现在教科书、出版物、科研论文、展示壁画和模型以及博物馆等地方。医学插画相对更具专业性，它为人体或其他生物复杂的解剖结构绘制效果图，常用于补充教科书和其他医学材料中的书面说明。

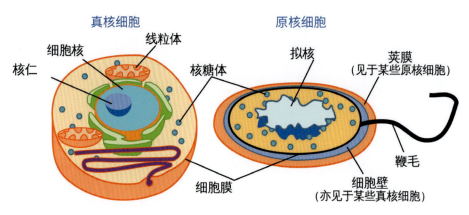

科学插画用于展示细胞结构

第四章　形状与色彩的艺术创作

科学插画用于博物馆展品的模型和图像

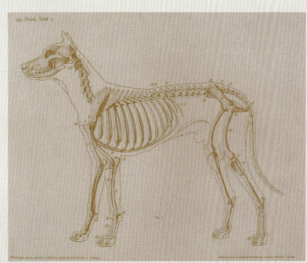

科学插画用于绘制人体或动物的解剖结构

科学插画用于灭绝
物种的图像重建

达·芬奇是意大利文艺复兴时期著名的画家、自然科学家，是公认的伟大的画家。他的绘画把科学知识和艺术想象有机地结合起来，使当时绘画的表现水平发展到一个新阶段。同时，达·芬奇也是一位非常有才华的解剖学家，他完成近 30 具人体解剖后，利用自己精湛的绘画技巧留下了大量的精美且精准的解剖图像。

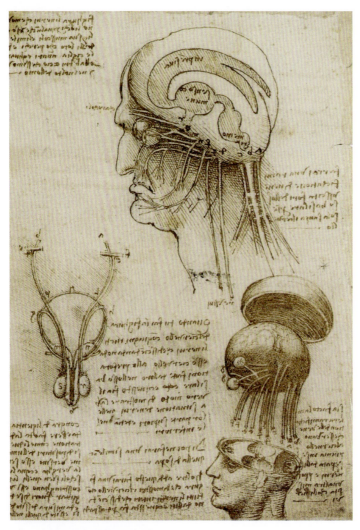

达·芬奇绘制的解剖手稿（一）

第四章 形状与色彩的艺术创作

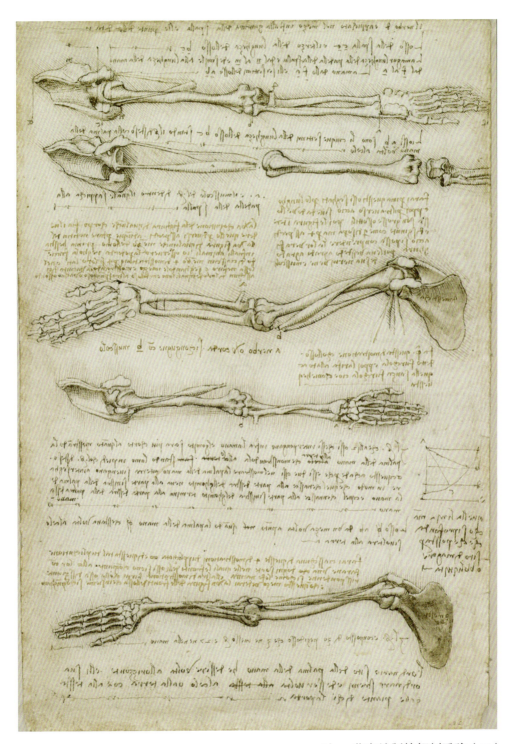

达・芬奇绘制的解剖手稿（二）

恩斯特·海克尔是德国著名的动物学家、哲学家，也是一位精确而细致的画家。他描绘了数千个物种，包括大量的放射虫、海绵、水母，留下的插画不但极具生物学价值，还启发了20世纪的艺术。海克尔在1904年完成的著作《自然界的艺术形态》中，收录了450幅素描、水彩画和100幅版画，展现了多种生物的对称性和秩序之美。海克尔的画作不仅精确描绘了生物结构，还捕捉了生命的动态美，体现了科学严谨性和艺术美感的完美结合。

《自然界的艺术形态》中的科学插画

曾孝濂是中国科学院昆明植物研究所教授级画师、工程师、植物科学画家。他历时30余年参与编纂《中国植物志》，已发表各类科学著作插图2000余幅，设计了《杜鹃花》《绿绒蒿》《中国鸟》等9套邮票……作为全世界最大型、种类最丰富的植物学巨著之一，《中国植物志》全书近5000万字，记载了中国301科3408属31142种植物。曾孝濂和全国300多位植物分类学家、164位插图师，耗时45年才完成这部巨著的编纂工作。

曾孝濂先生曾说："科学画的最高境界就是：在那儿，它就能迸发出生命的力量。我不期盼人人都喜欢这些画，但希望看画的人能关爱这些大自然里的生命。"

第四章　形状与色彩的艺术创作

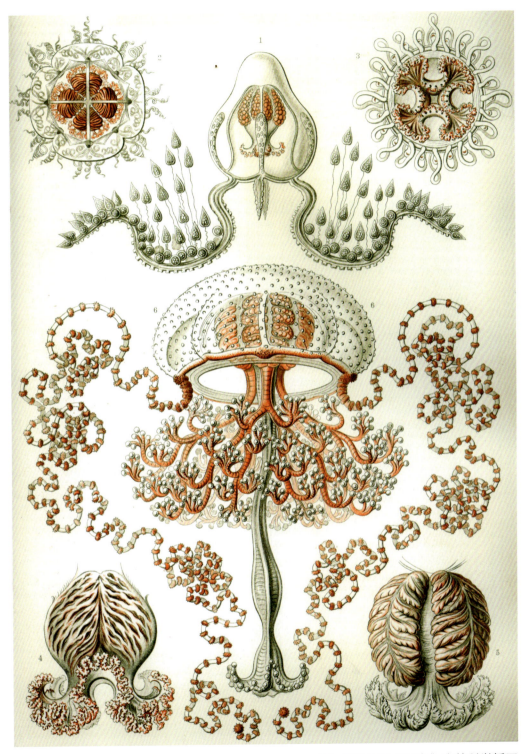

《自然界的艺术形态》中的科学插画

大自然的形与色

科学摄影：捕捉自然的真实之美

随着手机等移动电子设备的快速发展，摄影已经成为人们生活的一部分。我们几乎每天用手机拍照或者录像，这是用摄影的方式记录生活中的点点滴滴。那么什么是科学摄影呢？科学摄影指的是使用摄影技术来拍摄真实的科学现象或事物的图像。

科学家利用摄影技术记录和展现科学研究中的数据和图像，它的第一要求是客观真实。从摄影技术被发明的那一刻起，科学与摄影便紧密地关联在一起了。1839年8月19日，法国科学院和研究院正式公布了达盖尔银版法照相技术，这一天也被后人公认为摄影术诞生日。

摄影技术较早被人们用于天文学研究。1845年4月2日，法国物理学家路易斯·菲佐和里昂·福柯用银版照片成功拍摄了人类史上第一张太阳照片。天文摄影是科学摄影中的一大门类，以星座、月球、太阳等为拍摄对象，用于记录各种天体和天象，包括月球、行星甚至遥远的深空天体。

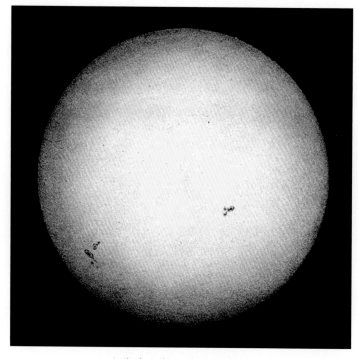

人类史上第一张太阳照片

第四章　形状与色彩的艺术创作

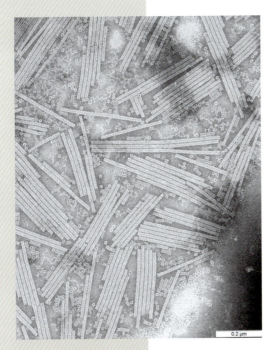

烟草花叶病毒

青霉菌

在摄影技术发明之前，科学家只能通过绘画的形式，将他们观察到的显微图像展示出来。著名的如罗伯特·胡克于1665年发表的《显微术》，该书通过精确而美丽的素描，描绘了肉眼从来没有看到过的显微镜观察结果。

在摄影技术与显微镜结合后，科学摄影的另一大门类——显微摄影诞生了，并在生物学研究中起到了巨大作用。微生物界的泰斗罗伯特·科赫在1877年用显微镜研究细菌，而后发布了世界上第一张细菌的显微镜图像。随着显微技术的发展，从光学显微镜到电子显微镜，显微摄影为科学家的学术探索以及大众的科普认知带来了越来越多的震撼图像。

特殊的成像技术大大拓宽了科学摄影的范围，比如 X 射线成像、红外成像、磁共振成像等。1895 年，德国物理学家伦琴发现 X 射线，并为他太太拍摄了手部的 X 射线照片，这是世界上第一张人体 X 射线图。另一张 X 射线成像的伟大照片，是罗莎琳德·富兰克林在 1952 年拍摄的 DNA 的 X 射线衍射图，为 DNA 双螺旋结构的发现做出了卓越贡献。

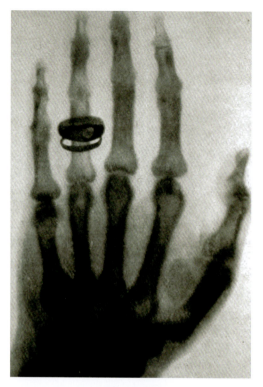

世界上第一张人体 X 射线图——伦琴夫人之手

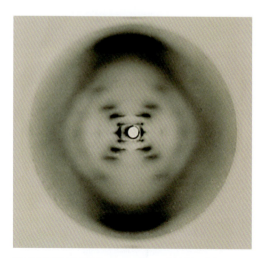

富兰克林拍摄的 DNA 的 X 射线衍射图

除了科研应用之外，科学摄影还是科学传播中不可或缺的一部分。以向公众普及科学为目的的科学摄影，通常也被称为科普摄影。科普摄影通过摄影技术向公众展现科学的美感，唤起人们对科学的兴趣，吸引人们去观察自然、认识世界，探索科学的奥秘。科普摄影与科研摄影并不是截然分开的，而是彼此交融、互相渗透的。例如显微摄影是科学研究的重要手段，也是科普摄影的重要类型；而一些优秀的科普摄影作品对于科学研究也有某种启发意义。

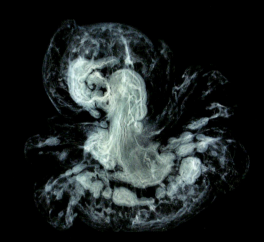

氢氧化铬沉淀

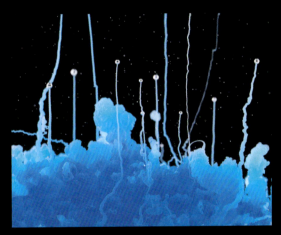

硅酸钠溶液中的硝酸铜

置换反应

硝酸钾晶体

原创科学传播项目"重现化学"
利用高清摄影机捕捉化学反应中的缤纷色彩和微妙细节，为大众展现化学之美

大自然的形与色

黄蓉菊的花蕊

锦鸡的红尖羽毛

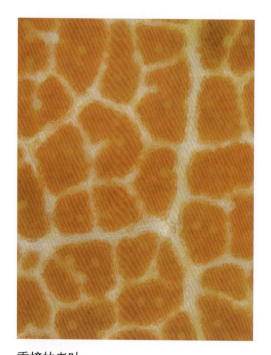

香樟的老叶

孔雀的尾羽

通过科学摄影呈现了生命的多样形态与色彩，从细微之处洞察生命的奥秘

结语
自然、科学与艺术的和谐

大自然的形与色

诺贝尔物理学奖得主费曼在自传《别闹了,费曼先生!》中讲述了一个关于他和一个艺术家朋友的对话。艺术家朋友认为,科学家通过研究花的细节,剖析其结构和成分,从而破坏了花的美感。但费曼对此提出了不同的看法,他坚信科学并不会破坏花的美,反而会增强对花的欣赏。费曼解释道,通过科学研究,他能够看到花的更多细节,理解花的生长机制和色彩形成原理,这让他对花的美有了更深层次的理解和欣赏。

梨花　　梨花显微摄影

结语　自然、科学与艺术的和谐

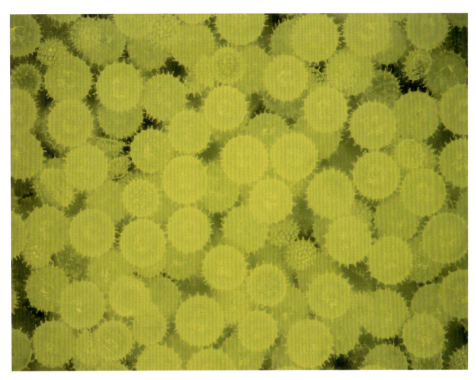

木槿花粉显微摄影

艺术家往往从直觉和感性出发，感受自然界表面带来的冲击，而科学家则通过探究自然的内部机制，发现其中的复杂性和秩序。两者虽然是从不同角度出发的，但正如费曼所言，这两种视角并不冲突，而是相辅相成、相互补充的，共同提升人们对自然世界的理解和欣赏。

无论是艺术还是科学，都是人类探索自然的一种方式。艺术带给我们灵感，赋予我们情感的表达；而科学给予我们理性和认知的工具，揭示那些奇观背后的逻辑与规律。两者结合，让我们在感受自然美丽的同时，理解其运行的奥秘。通过这种和谐，我们不仅欣赏表面，还能穿透表象，探索自然的无限奇迹。

大自然的形与色

在《大自然的形与色》这本书中，我们以科学的方式揭示自然界中那些令人惊叹的几何美感与色彩，以及生命与非生命元素之间的相似性和联系。自然界的每一片叶子、每一朵花、每一只动物、每一块岩石，都是精妙的艺术品。无论是生机勃勃的生物，还是静默不语的非生物，它们的形与色都是自然长期演化的结果，也是一种天然的美学表达。在自然、科学与艺术的交汇处，我们重新认识了世界的复杂性与和谐美。通过对大自然形与色的探索，我们能更加珍惜这份来自自然的馈赠，并唤起我们对保护自然的责任感。

在这本书的旅程中，愿你能发现大自然隐藏的奇妙与奥秘，在科学与艺术的交融中，领略生命与世界的深邃与美丽。